Jenny Marcela Rodríguez Gómez

El Clima Espacial

Jenny Marcela Rodríguez Gómez

El Clima Espacial

La influencia del Sol en la Tierra y otros Planetas

PUBLICIA

Imprint
Any brand names and product names mentioned in this book are subject to trademark, brand or patent protection and are trademarks or registered trademarks of their respective holders. The use of brand names, product names, common names, trade names, product descriptions etc. even without a particular marking in this work is in no way to be construed to mean that such names may be regarded as unrestricted in respect of trademark and brand protection legislation and could thus be used by anyone.

Cover image: www.ingimage.com

Publisher:
PUBLICIA
is a trademark of
Dodo Books Indian Ocean Ltd. and OmniScriptum S.R.L publishing group

120 High Road, East Finchley, London, N2 9ED, United Kingdom
Str. Armeneasca 28/1, office 1, Chisinau MD-2012, Republic of Moldova, Europe
Printed at: see last page
ISBN: 978-3-639-55737-4

EL CLIMA ESPACIAL

La influencia del Sol en la Tierra y otros planetas

Dra. Jenny Marcela Rodríguez-Gómez

EDITORIAL PUBLICIA

2024

ÍNDICE

Dedicado a mis padres José Campo Elías y María Gladys, a mis hermanos Lady y Jaminton

AGRADECIMIENTOS

Este trabajo fue apoyado por el programa NASA Living With a Star (LWS) Program, Focused Science Topic: "Beyond F10.7: Quantifying Solar EUV Flux and its Impact on the Ionosphere – Thermosphere – Mesosphere System" No. 80NSSC23K0900 y the NASA Goddard Space Flight Center through Cooperative Agreement 80NSSC21M0180 to Catholic University, Partnership for Heliophysics and Space Environment Research (PHaSER).

PRÓLOGO

La actividad del Sol afecta a los planetas del sistema solar, específicamente a sus magnetosferas e ionosferas. Estas interacciones son descritas a través de una disciplina llamada clima espacial. La humanidad ha alcanzado avances en tecnología espacial. Por ejemplo, los satélites que orbitan la Tierra y los que observan el Sol constantemente. Así como las misiones que tienen como objetivo estudiar los planetas y sus entornos. Pero es un desafío entender la influencia del Sol en el medio interplanetario, además de su efecto en los satélites comerciales y científicos. Este libro es una extensión de un artículo publicado en 2021 donde abordé conceptos como el viento solar, las magnetosferas planetarias, el clima espacial, y el efecto de eventos extremos en la Tierra. Es importante destacar que la física solar y el clima espacial son disciplinas que se están constantemente actualizando. Así, en los próximos años tendremos nuevas preguntas, algunas respuestas, que vendrán con las nuevas misiones que observarán el Sol y los entornos planetarios, dándonos otras perspectivas.

1. INTRODUCCIÓN

El Sol influye en el entorno espacial de la Tierra y otros planetas de nuestro sistema solar. Los impactos tecnológicos de esa interacción son muy importantes en nuestra sociedad. Debido a que estas interacciones Sol-Tierra pueden causar las llamadas tormentas geomagnéticas que pueden afectar las redes eléctricas, los sistemas de posicionamiento global (GPS; en inglés), la aviación, comunicaciones por radio y satélite. Las interacciones Sol-planeta generan diferentes fenómenos dependiendo de las características de cada planeta, así algunos de sus efectos serán abordados en este libro.

El Sol es una estrella que posee una estructura estratificada compuesta por un núcleo, una zona radiativa, una zona convectiva, la fotosfera, la cromosfera, la región de transición y la corona solar (Rodríguez-Gómez, 2018 (a) & (b)). Las manchas solares fueron las primeras características que se observaron en el Sol a simple vista; estas caracterizan la actividad magnética solar. En general, la actividad solar puede ser descrita por la aparición de manchas solares en la superficie solar (fotosfera) en ciclos de ~11 años.

Durante estos ciclos se registran periodos de gran actividad en donde más manchas solares aparecen en la superficie del Sol (máximo solar) en comparación con otros periodos de inactividad donde algunas o ninguna mancha aparece en la superficie solar (mínimo solar) (Rodríguez-Gómez 2018, Echer et al. 2003, Eddy, 1976). Este ciclo de actividad puede ser descrito a través del diagrama de mariposa (*Butterfly diagram*; en inglés) relacionado con el campo magnético solar. La generación de este campo magnético está asociada con la presencia de un dinamo solar que actúa en el interior del Sol, generando los fenómenos magnéticos observados en la atmósfera solar (Rodríguez-Gómez, 2018).

La actividad magnética del Sol puede ser observada a través de eventos eruptivos como llamaradas (*flares;* en inglés) y las eyecciones de masa coronal (*Coronal Mass Ejections (CMEs);* en inglés) (Gosling 1997). Así como las variaciones en el viento solar provenientes de la corona solar: región más externa del Sol (Figura 1). Estos eventos afectan a los planetas que conforman el sistema solar.

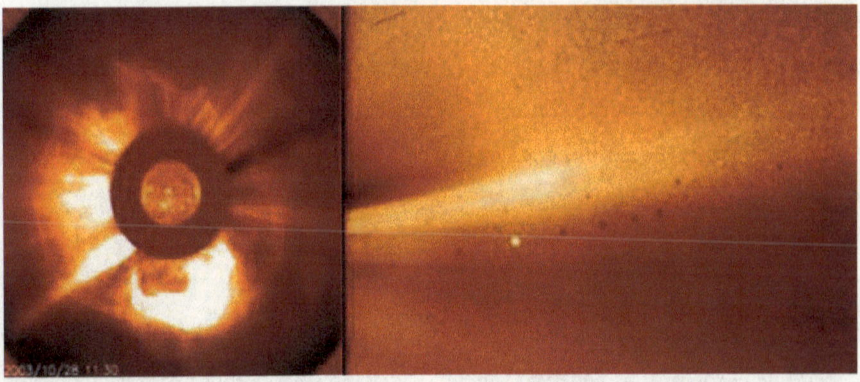

Figura 1. Panel izquierdo: Eyección de masa coronal (*Coronal Mass Ejections (CMEs)*) 28 de octubre de 2003[1] fue observada por el instrumento LASCO a bordo del satélite SOHO (Gopalswamy et al. 2009). Panel derecho: viento solar en la corona solar visto con el instrumento WISPR de la sonda Solar Parker[2]

La Figura 1 muestra un ejemplo de un gran evento solar, este ocurrió el 28 de octubre de 2003 fue originado desde la región activa 10486, una llamarada solar de clasificación X 17.2 desencadenó un fuerte evento de protones de alta energía, junto con una eyección de masa coronal (CME) rápida que golpeó la Tierra el 29 de octubre, este evento es ampliamente conocido como parte de las tormentas solares de Halloween en 2003 (panel izquierdo). Región de viento solar en una región de la corona solar observada con el instrumento WISPR de la sonda Solar Parker lanzada en 2018, nombrada como "la misión para tocar el Sol", el objetivo de la misión es estudiar la atmósfera solar y el viento solar (panel derecho).

La interacción Sol-Tierra es fundamental y, ante el creciente uso de tecnología, entender estos procesos es realmente importante. Una disciplina relativamente nueva se dedica al estudio de las condiciones del Sol a través del espacio y su interacción con los planetas,

---

1 https://sohowww.nascom.nasa.gov/data/archive.html
2 https://physicsworld.com/a/nasa-mission-touches-the-edge-of-the-sun/

específicamente sus magnetosferas e ionosferas, es llamada clima espacial (Novik et al 2019; Ferreira 2017).

Este libro aborda el viento solar desde una perspectiva histórica y su origen. Así como la descripción de las magnetosferas planetarias, específicamente de planetas magnetizados y no magnetizados. El concepto de clima espacial es abordado, particularmente algunos casos de clima espacial extremo que han afectado la Tierra y finalmente una discusión.

2. VIENTO SOLAR

Ludwig Biermann tratando de entender por qué la cola de un cometa se dirige hacia afuera desde el sol, propuso en 1951 que una radiación solar corpuscular relacionada con el campo magnético solar de gran escala podría estar detrás del fenómeno observado en la cola del cometa (Biermann, 1957). Esta idea plantea la posibilidad de que el Sol pudiera estar liberando algún tipo de material fuera de él. Años después, la existencia de viento solar fue descrita teóricamente por Eugene Parker entre 1950 y 1960. Parker propuso que la atmósfera del Sol no es estática, sino altamente dinámica. Además, con las temperaturas altísimas en la corona solar que alcanzarían millones de Kelvins, todo estaría hirviendo y saldría algo de flujo (Kane, 2007). Ahora sabemos que el Sol emite un flujo de plasma llamado viento solar, que contiene principalmente electrones, protones y partículas alfa. Este flujo se emite desde la corona (la atmósfera superior solar) e interactúa con todas las partes del sistema solar, incluida la Tierra (Novik et al. 2019).

Desde la formación del sistema solar se puede rastrear la aparición de los primeros vestigios de viento solar masivo. Una característica importante del Sol joven durante los primeros 3×10^8 años es la presencia de un fuerte campo magnético comparado con el que observamos hoy. La combinación entre la rápida rotación del Sol joven y su fuerte campo magnético permite el transporte de momento a través de la heliosfera (Sterenborg et al. 2011; Schatzman, 1959; Biermann, 1973).

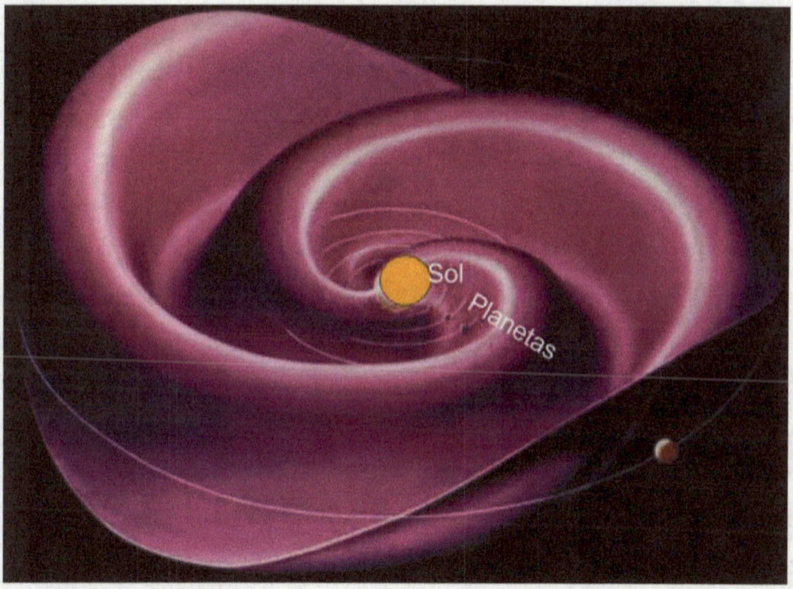

Figura 2. Estructura espacial del viento solar, es la estructura más grande del Sistema Solar, resultado de la influencia del campo magnético del Sol en el plasma del medio interplanetario, conocido como viento solar. Esta forma de espiral ondulada es conocida como la espiral de Parker y se ha comparado con la falda de una bailarina. Adaptada de[3]

El viento solar más tenue transporta momento angular o masa desde el Sol y este continúa dominando las condiciones del medio interplanetario, generando la espiral de campo magnético (Figura 2) que impacta la magnetosfera terrestre de otros planetas de nuestro sistema solar (Nelson, 2013). El término magnetosfera fue descrito a mediados de 1900 s por Gold. La magnetosfera fue descrita como la región arriba de la ionosfera en la cual el campo magnético de la Tierra domina el movimiento del gas y las partículas cargadas. Esta región se extiende hasta una distancia de aproximadamente 10 radios de la Tierra (Gold, 1959a).

La interacción del viento solar con la magnetosfera terrestre se ve reflejada en las variaciones de la actividad geomagnética. Observada a través de eventos como las

[3] https://www.esa.int/ESA_Multimedia/Images/2019/03/Parker_spiral

auroras boreales y australes en la Tierra (Figura 3). La actividad geomagnética ha sido estudiada, a través de las fluctuaciones del campo magnético. Por ejemplo, Gilbert y Graham, en 1724, observaron como el movimiento de una aguja indicaba fluctuaciones en el campo magnético de la Tierra. En 1754 Frenchman Jean-Jacques d'Ortour de Mairan hizo las primeras mediciones aproximadas de la altura de las auroras. En general, en el siglo 18 un gran número de observaciones comenzaron a iluminar los orígenes de la aurora (Costa et al. 2011b).

En septiembre de 1859, el astrónomo Richard Carrington observó un comportamiento anómalo en el Sol, que ahora conocemos como una llamarada solar (*flare*). Aproximadamente 17 horas después, sus efectos fueron observados en la Tierra, auroras ocurrieron en regiones de baja latitud, también los telégrafos presentaron fallas en Europa y Norteamérica (Oliveira, 2020).

Una idea del origen de la aurora polar debido a la interacción solar con el campo magnético de la Tierra fue sugerida por Birkeland. Él llevó a cabo tres expediciones en regiones polares entre 1896 y 1903, para confirmar su idea de que los disturbios magnéticos en la Tierra y la aurora boreal son debidos a rayos corpusculares emitidos por el Sol (Birkeland, 1908).

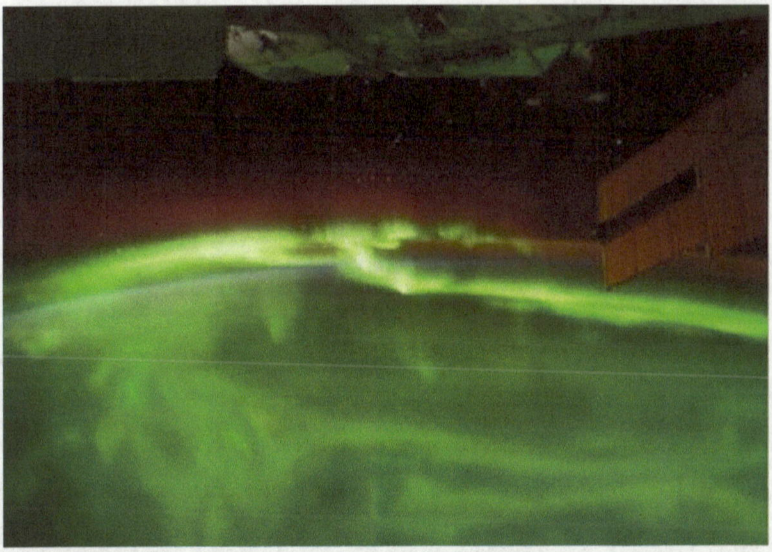

Figura 3. Imagen de la aurora tomada desde la Estación Espacial Internacional cuando cruzaba el sur del Océano Índico el 17 de septiembre de 2011[4].

El astrónomo Edward Sabine tuvo un papel importante en las cruzadas magnéticas financiadas por la corona británica con el objetivo de estudiar el campo magnético terrestre. Al inicio del siglo XIX era ampliamente conocido que el campo magnético de la Tierra era altamente variable y afectaba los instrumentos de navegación (Oliveira, 2020).

En general, el modelo de dinamo es el más aceptado para explicar el origen del campo magnético de la Tierra. El tipo de dinamo α^2 describe el campo magnético terrestre. Este tipo de dinamo opera en el núcleo terrestre y considera que la rotación diferencial es casi despreciable. La intensidad de un campo magnético dipolar es dos veces más grande en el polo magnético que en el ecuador y decae rápidamente con la distancia. La intensidad del campo magnético en el ecuador disminuye con el cubo de la distancia (Costa et al. 2011b).

[4] https://spaceplace.nasa.gov/aurora/en/

$$|B| \alpha \left(\frac{1}{r^3}\right) \quad \textbf{(1)}$$

Satélites con instrumentos han medido la intensidad y dirección del campo magnético explorando alrededor de la Tierra y de otros planetas. Esas misiones han verificado el dipolo natural de la Tierra y de otros planetas con campo magnético como Mercurio, Júpiter, Saturno, Urano y Neptuno (Costa et al. 2011b).

Podemos ver como desde el final del siglo XIX, gracias a los grandes avances, descripciones físicas y experimentales, tenemos algunas herramientas que permiten interpretar las fluctuaciones geomagnéticas. Ya en la era espacial se han dado avances sin precedentes a través de medidas *in-situ* que permitieron observar detalles del viento solar y de su interacción con el medio interplanetario. En 1962, la nave espacial Mariner 2 dedicada principalmente a explorar Venus, detectó viento solar por primera vez. Esta exploración encontró viento solar con propiedades similares a las predichas por Parker (1958) (Richardson 2018; Janardhan et al. 2017; Gosling et al. 1971; Neugebauer et al. 1962).

En 1955, Davis, Jr. sugirió la existencia de la heliosfera, la región del espacio que rodea el Sol formado por la interacción del medio interestelar local con el viento solar (Kamide & Chian 2007; Axford 1996). Después de la detección del viento solar por la nave espacial Mariner 2, otras misiones espaciales como las naves espaciales **Pionero** *(Pioneer) 10 - 11* y **Viajero** (*Voyager) 1 - 2* exploraron la heliopausa y el medio interestelar. En 1993, Gurnett reportó por primera vez evidencia de la heliopausa basada en radio emisiones de 2-3 kHz que venían de la heliopausa y detectadas por el *Voyager* 1 - 2 (Kamide & Chian 2007).

2.1 Origen del viento solar

El Sol presenta varios fenómenos magnéticos y estos son generados por el dinamo solar. Este es responsable por la actividad magnética en diferentes escalas temporales y espaciales (Aschwanden 2005; Zirin 1988). El Sol es considerado un cuerpo estratificado compuesto por un núcleo, una zona radiativa, zona convectiva, fotosfera, cromosfera, región de transición y corona. La radiación electromagnética es originada en el núcleo y viaja a través de la zona radiativa, que es la región que circunda el núcleo, hasta alcanzar la superficie solar. La zona convectiva es la capa donde la energía es transportada principalmente por convección (Rodríguez Gómez 2018a, 2018b, 2017 y referencias allí).

La fotosfera es llamada la superficie del Sol; allí se pueden observar manchas solares, fáculas y también la parte superior de las células de la zona convectiva. Encima de la fotosfera se encuentra la cromosfera, en esta región se pueden observar filamentos, prominencias y playas (*plagues*; en inglés) cerca de las manchas solares. La región de transición es la capa que separa la cromosfera y la corona solar; allí la temperatura se incrementa abruptamente hasta alcanzar millones de grados Kelvin en la corona, que es la capa más externa del Sol. La corona puede ser observada durante los eclipses o usando cronógrafos, estos instrumentos cubren la superficie del Sol, permitiendo observar la corona. La corona solar presenta diferentes configuraciones de campo magnético, con regiones de campo magnético abiertas y cerradas. Las regiones cerradas confinan plasma, mientras que las regiones abiertas transportan plasma a la heliosfera y al medio interplanetario. A lo largo de las líneas de campo abierto, el plasma es transportado, permitiendo que partículas cargadas escapen de la atmósfera solar (Rodríguez Gómez 2018a, 2018b, 2017 y referencias allí).

Los huecos coronales (*Coronal Holes (CHs)* su nombre en inglés) están asociados con líneas de campo abierto. Estas son las regiones donde el viento solar se origina. Estos aparecen como regiones oscuras en las imágenes (Figura 4). El viento solar posee dos regímenes: el viento solar rápido asociado a huecos coronales (CHs) en las regiones polares del Sol, con velocidades de 700-800 km/s y el viento lento asociado a huecos coronales (CHs) ubicados en las regiones ecuatoriales, poseen velocidades de 400 km/s

(Wafaa 2016; Schwenn 2006; Kivelson 1995).

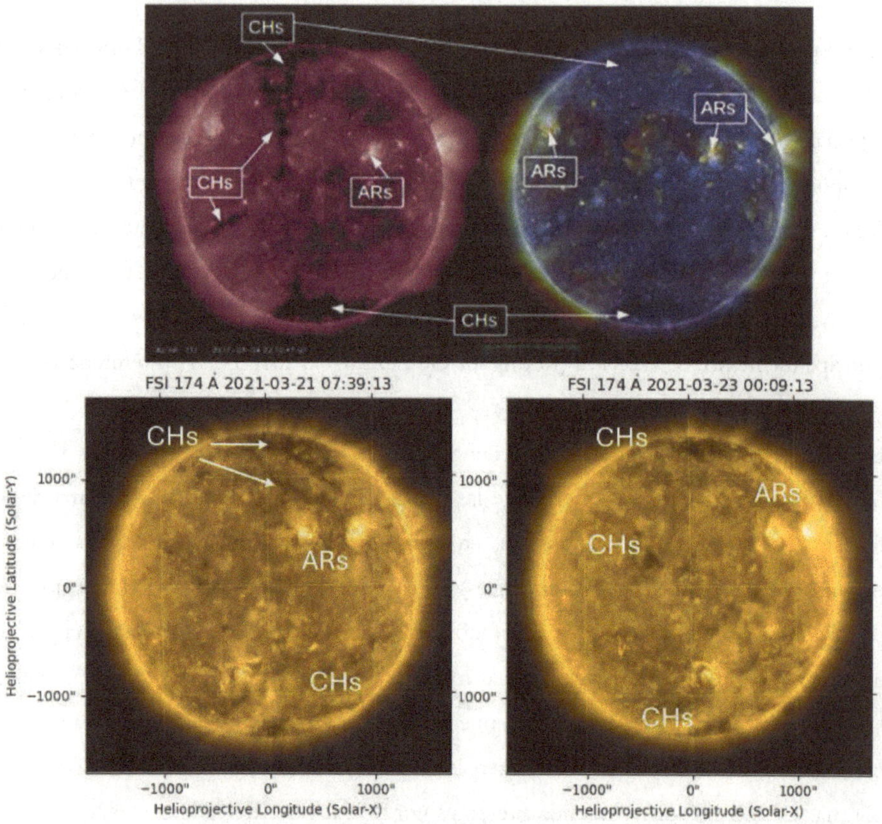

Figura 4. Huecos coronales *Coronal Holes (CHs)* y regiones activas solares (ARs) en la atmósfera solar. Panel superior: imagen del instrumento *AIA* a bordo del satélite SDO en la longitud de onda de 21.1 nm e imagen compuesta por longitudes de onda 21.1 nm, 19.3 nm y 17.1 nm en 2017-03-09 (YY-MM-DD), 22:10:47 UT. Panel inferior: imagen observada por Solar Orbiter con el instrumento *EUI* en la longitud de 17.4 nm en 2021-03-21 a las 07:39:18 UT y 2021-03-23 a las 00:09:13 UT. Fuente: Autora.

El viento solar está compuesto principalmente por flujos de iones pesados en varios estados, incluyendo hidrógeno (H^+), Helio (He^+) y Helio (He^{++}) o partículas alfa. Los iones de helio se encuentran en magnetosferas planetarias y son usados como trazadores de la presencia de viento solar (Delamere et al. 2015).

La fuente principal del viento solar son los huecos coronales (*coronal holes;* en inglés); regiones oscuras, en las que el campo magnético solar se encuentra abierto, lo que permite que las partículas cargadas (electrones y iones) sean liberadas desde la corona solar (Nelson, 2013; Balog et al. 1999). Estas partículas interactúan con las magnetosferas de los planetas, formando fenómenos como las auroras polares. La interacción entre el viento solar y el campo magnético de la Tierra genera transferencia de energía y momento desde el Sol (Oliveira and Silveira 2017; Costa Jr. et al. 2011a-b; Moldowin 2008; Schwenn 2006; Echer et al. 2006). El viento solar proporciona claves que permiten enlazar la atmósfera solar y el entorno o magnetosferas de los planetas.

El viento solar continuamente se expande en el espacio interplanetario, su interacción con el campo magnético planetario, creando las magnetosferas planetarias (Bolton et al. 2015; Kivelson et al. 2007). La magnetosfera actúa como un escudo que protege a la Tierra y a los planetas de eventos externos. El tamaño de la magnetosfera es determinado por el balance de presiones, por ejemplo, la presión dinámica del viento solar y la presión combinada del campo magnético del planeta y el plasma.

La presión dinámica del viento solar se puede describir con la siguiente expresión

$$P_{sw} = m_p N v_{sw}^2 \qquad \textbf{(2)}$$

donde P_{sw} es la presión dinámica, m_p es la masa del protón con un valor de $1.6726219 \times 10^{-27}$ kg, N es la densidad numérica del viento solar, v_{sw} es la velocidad del viento solar.

La presión magnética se define como

$$P_B = \frac{B^2}{8\pi} \qquad \textbf{(3)}$$

donde P_B es la presión magnética y B es el campo magnético.

La presión dinámica varía con el tiempo, así como también lo hace el tamaño de la magnetosfera (Richardson 2010; Schwenn 2006).

El viento solar depende de los cambios en la actividad solar, este transmite el efecto de la variabilidad solar a los planetas. Debido a la acción de la rotación solar con un periodo de ±27 días, los patrones de campo magnético interplanetario muestran un comportamiento recurrente con el mismo periodo. Además de las frecuentes variaciones de las propiedades del viento solar, como disturbios esporádicos causados por actividad solar, como ondas de choque debidas a eyecciones de masa coronal (*CMEs;* en inglés) y llamaradas solares (*flares;* en inglés) (Kamide & Chian 2007).

3. MAGNETOSFERAS

William Gilbert, físico de la Reina Elizabeth I, se dio cuenta, 400 años atrás, que la Tierra se asemejaba a un imán (Gilbert, 1600). Una visión más moderna describe que el campo magnético terrestre es generado por corrientes eléctricas fluyendo desde el interior de la Tierra. Descrito como un campo magnético dipolar se extiende más allá de la superficie del planeta, a través de la troposfera y dentro de la atmósfera ionizada, donde su efecto es considerable. La figura 5 muestra esquemáticamente las capas de la atmósfera terrestre, una región ionizada de la atmósfera que se encuentra entre la mesosfera y la exosfera, es llamada ionosfera (Oliveira 2014; Alperovich 2007; Rishbeth & Garriot 1969). Esta región es permanentemente ionizada debido a la foto ionización que provoca la radiación solar, por ejemplo, en las longitudes de onda del ultravioleta (Rodríguez Gómez, 2024 (a)). Los procesos de ionización dependen de la actividad del Sol (por ejemplo, el período del ciclo solar / ciclo de manchas solares), el tiempo (cambios estacionales o diarios) y factores geográficos (zonas polares, de latitud media y ecuatoriales) (Novik et al. 2019).

El campo magnético terrestre afecta el movimiento de partículas ionizadas y así modifica las corrientes eléctricas ionosféricas y el movimiento de plasma. La importancia del campo magnético incrementa con la altitud, ya que la atmósfera llega a ser más escasa y su grado de ionización aumenta (Hargreaves,1995). Cambios en las densidades ionosféricas afectan directamente a los satélites de órbita baja, debido al aumento de las fuerzas de arrastre en los satélites que propician su deterioro o decaimiento orbital (Zesta & Huang 2016; Oliveira & Silveira 2017).

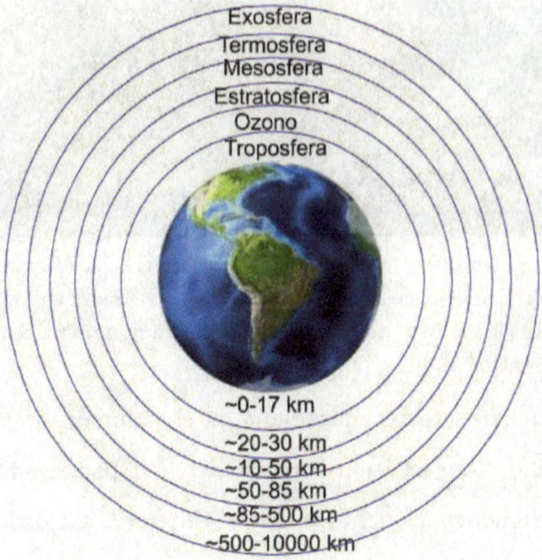

Figura 5. Diseño esquemático de las capas de la atmósfera terrestre. Fuente: Autora.

El término magnetosfera fue acuñado por T. Gold en 1959 para describir la región encima de la ionosfera en la cual el campo magnético de la Tierra controla los movimientos de partículas cargadas (Gold, 1959a). En el caso de la Tierra, cuando el viento solar interactúa con el campo magnético dipolar de la Tierra, su velocidad disminuye y se desvía alrededor del planeta, formando una cavidad llamada la magnetosfera. Los cinturones de Van Allen se encuentran en la magnetosfera terrestre, donde se concentran partículas cargadas de alta energía (decenas de KeV y mayores), generadas por el viento solar y capturadas por el campo magnético terrestre. El control de estas partículas cargadas se extiende hasta $10R_T$ (R_T radios terrestres) en dirección al Sol (Dutra et al. 2020; Kivelson & Bagenal 2007; Echer 2010).

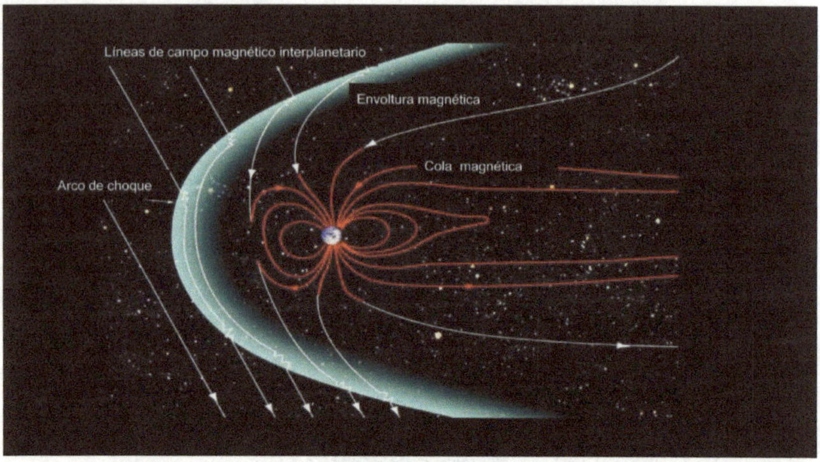

Figura 6. Magnetosfera terrestre, se puede observar el arco de choque (*Bow shock;* en inglés), líneas de campo magnético interplanetario, la envoltura magnética (*magnetosheath;* en inglés) y la cola magnética (magnetotail; en inglés). Las líneas rojas muestran las líneas de campo magnético dipolar. Adaptada de[5]

Cualitativamente, una magnetosfera planetaria es el volumen de espacio en el que el viento solar es excluido por el campo magnético del planeta. Sin embargo, en los planetas sin campo magnético, el viento solar que fluye crea cavidades cuyas propiedades son lo suficientemente similares a las de las magnetosferas reales. En un sentido más general, la magnetosfera es una extensión de la atmósfera superior de un planeta en una región del espacio donde el campo magnético planetario domina (cuando el planeta posee campo magnético intrínseco y atmósfera) (Echer 2010; Kivelson & Bagenal 2007).

En este caso, la Tierra es usada como ejemplo para describir la magnetosfera globalmente. Sus principales regiones y características son descritas brevemente a continuación. El arco de choque (*bow shock;* en inglés) es una importante región, puesto que el viento solar interactúa con las líneas de campo terrestre en el lado diurno. La región detrás del arco de choque es conocida como una envoltura magnética (*magnetosheath;* en inglés). La presión cinética del viento solar modifica la configuración exterior del campo magnético dipolar de la Tierra; en el lado de día de la magnetosfera el

[5] https://www.nasa.gov/mission_pages/sunearth/multimedia/magnetosphere.html

campo se comprime, mientras que en la magnetosfera del lado nocturno el campo se estira en una cola magnética (*magnetotail;* en inglés) (Figura 6) (Kamide & Chian 2007).

Los cinturones de radiación de Van Allen forman una región en forma de toroide alrededor de los planetas, conteniendo partículas energéticas. Esos cinturones tienen electrones y iones energéticos que se mueven a lo largo de las líneas de campo y oscilan entre los dos hemisferios (Echer 2010; Costa et al. 2011b).

El sistema solar está dominado por el Sol, que forma su propia estructura magnética denominada heliosfera. Tanto su tamaño como su estructura son gobernadas por el movimiento relativo del Sol. La densidad del viento solar disminuye como el inverso del cuadrado de la distancia desde el Sol, así el plasma llega a ser suficientemente tenue. El viento solar disminuye su velocidad abruptamente a través de un choque (conocido como el choque de terminación) antes de alcanzar la heliopausa (Kamide & Chian 2007; Kivelson & Bagenal 2007).

A continuación, se describirán las principales características de las magnetosferas de planetas y lunas no magnetizadas, pero con atmósfera como Venus, Marte y Titán. Así como lunas no magnetizadas y sin atmósferas como la luna terrestre y magnetosferas de planetas magnetizados como Mercurio, Tierra, Júpiter, Saturno, Urano y Neptuno (Plainaki et al. 2016; Escher et al. 2010).

3.1 Magnetosferas de planetas magnetizados

Las magnetosferas están directamente relacionadas con el campo magnético del planeta, su rotación y la interacción con el viento solar. Así, las magnetosferas de cada planeta deben su tamaño a la magnitud del campo magnético que poseen. Por ejemplo, Júpiter y Saturno poseen un campo magnético aproximadamente dipolar con inclinación de 9.6° y 0°respectivamente. Urano y Neptuno poseen un campo magnético multipolar con inclinación de 59° y 47°(Plainaki et al. 2016).

Neptuno y Urano

Ambos planetas poseen un campo magnético no simétrico, acoplado con la rápida rotación (Neptuno ~16 horas y Urano ~17 horas) y la inusual inclinación de los ejes de rotación, implica que las magnetosferas de estos planetas sufren drásticas variaciones geométricas (Guervilly et al. 2012; Herbert 2009). Las medidas (*in-situ* en inglés) muestran que Urano posee una única configuración entre el planeta y el viento solar. Sin embargo, se desconoce como esta configuración puede ser modulada, así como la interacción entre la exosfera y la ionosfera. Futuras misiones a Urano pueden ayudar a entender el acoplamiento entre viento solar-magnetosfera-ionosfera y cuál es el rol de cada uno de ellos en las condiciones de clima espacial del gigante helado (Turrini et al. 2014; Arridge et al. 2012).

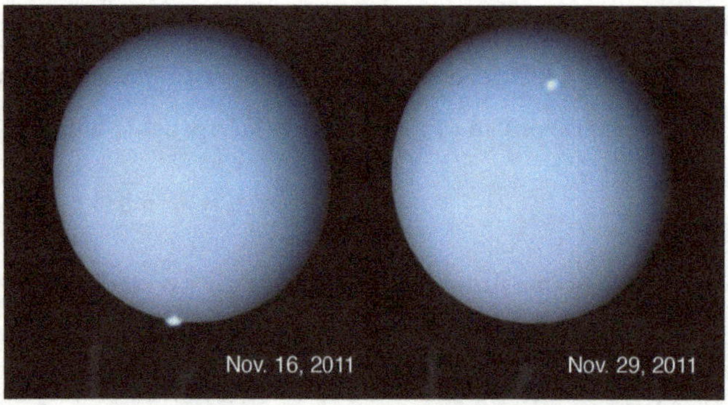

Figura 7. Auroras en el planeta Urano vistas por el telescopio espacial Hubble. Fuente: NASA, ESA, and L. Lamy (*Observatory of Paris, CNRS, CNES*)[6]

La aurora de Urano es una de las más significativas evidencias de como el clima espacial alrededor de un planeta cambia (Figura 7). Una de las características que intrigan es la interacción de sus lunas y anillos, que básicamente es desconocida y puede afectar drásticamente el clima espacial en el planeta (Plainaki et al. 2016).

Neptuno es relativamente una fuente débil de emisiones aurorales (Zarka 1998; Zarka et al. 1995). El plasma en la magnetosfera de Urano tiene una densidad relativamente baja y su origen está relacionado con el viento solar. Principalmente, en Neptuno la

---

[6] https://www.nasa.gov/mission_pages/hubble/science/uranus-aurora.html

distribución de plasma está relacionada con Tritón, que es su mayor fuente (Richardson et al. 1991). Tritón es la más grande luna entre las 14 que se conocen (2700 km de diámetro, similar a Europa la luna de Júpiter), posee nitrógeno y metano en su atmósfera. Siendo una clave muy importante del clima espacial en Neptuno, debido a que puede estar relacionado con la interacción entre Tritón (fuente de plasma) y la magnetosfera de Neptuno (Masters, 2014).

Saturno

Saturno es el segundo planeta más grande en nuestro sistema solar, seguido de Júpiter. Saturno es un sistema con rápida rotación de aproximadamente 10.5 horas (Gombosi et al. 2009). El clima espacial en Saturno se manifiesta por la ocurrencia de auroras y emisiones termosféricas. La interacción del campo magnético de Saturno con el viento solar genera una gigante magnetosfera la cual está dinámica y químicamente acoplada con las componentes del entorno de Saturno, esto es la interacción con los anillos, la exosfera, los satélites helados que poseen atmósferas tenues, las plumas de Encélado y la atmósfera de Titán. Se cree que la magnetosfera de Saturno es un caso intermedio entre la magnetosfera de la Tierra y Júpiter (Blanc et al. 2002; Andriopoulou et al. 2014). Los otros satélites de Saturno se encuentran en su magnetosfera y pueden actuar como fuentes o sumideros de plasma. Observaciones revelaron que el sistema de anillos es aún más complejo. Un ejemplo de esto es una ionosfera detectada en los anillos, por la sonda espacial Cassini (Coates et al. 2005).

Las emisiones aurorales en Saturno pueden estar asociadas con la interacción del viento solar y su magnetosfera (Figura 8), similar a lo que ocurre con las auroras en la Tierra. Observaciones de la sonda Cassini y el telescopio espacial *Hubble* así lo han sugerido. El viento solar influencia la cola magnética en la magnetosfera de Saturno y esta interacción genera una huella en su aurora (Dungey 1961; Vasyliunas 1983; Delamere & Bagenal 2013). La modulación de la aurora por viento solar fue reconocida a través de observaciones asociadas a emisiones en radio. Observaciones del Voyager mostraron que la intensidad de la radiación kilométrica proveniente de Saturno (*saturn kilometric radiation SKR*) está correlacionada con la presión dinámica del viento solar (Desch 1981).

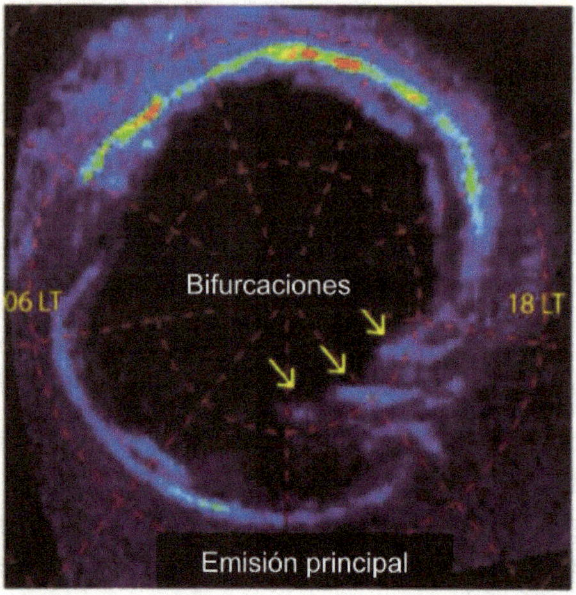

Figura 8. Aurora en Saturno, observada con el instrumento UVIS a bordo de la sonda Cassini en el día del año (*DOY*; en inglés) 21, 2009. Se observa la emisión principal y las bifurcaciones debidas a las interacciones con sus satélites. 06 LT y 18 LT se refieren al tiempo local (LT). Adaptada de (Radioti et al. 2011).

Uno de los satélites más importantes es Titán, este posee una atmósfera densa compuesta casi en su totalidad por Nitrógeno molecular. La misión Cassini demostró que la atmósfera de Titán es una fábrica química de formación de complejos iones positivos y negativos contribuyendo a una fuerte interacción entre la magnetosfera, ionosfera y atmósfera (Waite et al. 2005). Sin embargo, la interacción entre Titán y el viento solar es similar a lo que ocurre en planetas sin campo magnético intrínseco como Marte y Venus (Bertucci et al. 2011). La helada luna Encélado genera un sistema acoplado de corrientes que conecta la magnetosfera polar de norte a sur, dejando su huella en las emisiones aurorales también.

Júpiter

Júpiter posee un campo magnético 10 veces más grande que el de la Tierra, como resultado su magnetosfera se extiende hasta 150 R_J (R_J=71492 km) y sus cinturones de radiación son los más fuertes en el sistema solar. La variabilidad del plasma en el sistema joviano está determinada fuertemente con la actividad volcánica de la luna Io. Esta actividad tiene un efecto directo en la ionosfera, los cinturones de radiación y las exosferas de sus lunas. Aunque el viento solar también juega un papel en estas interacciones (Bunce et al. 2004; Plainaki et al 2016).

Las fuentes internas de plasma de Júpiter, como el vulcanismo de la luna Io y la rápida rotación, son los principales factores en la dinámica auroral en Júpiter. Sin embargo, el viento solar juega un papel importante también en este proceso (Figura 9). Su magnetosfera gigante es una trampa y un acelerador de partículas energéticas (Echer 2010).

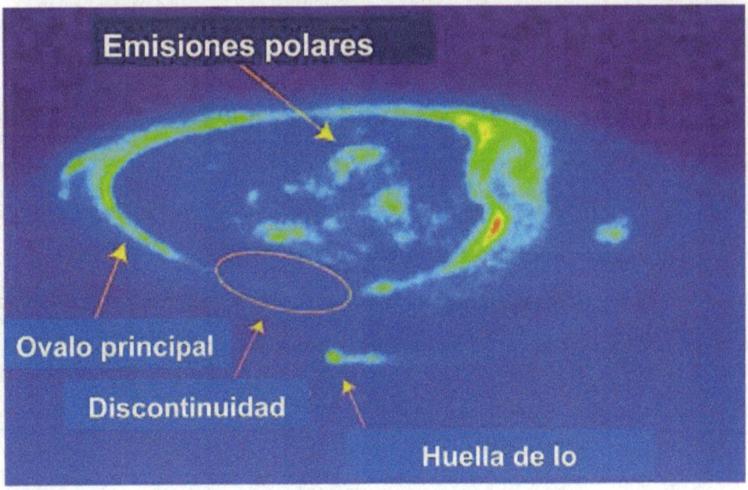

Figura 9. Aurora en Júpiter observada por el telescopio espacial Hubble en diciembre. 28 (2000). Fuente: Adaptada de Radioti et al. 2008.

3.2 Magnetosferas de planetas no magnetizados

Mercurio posee momento magnético relativamente pequeño, aproximadamente $0.63x10^{-3}M_T$. Las observaciones sugieren que la magnetosfera de Mercurio es muy pequeña para mantener el plasma aprisionado alrededor del planeta. Además, posee una rotación muy lenta, la fracción de momento dipolar es más alta y la combinación con la presión dinámica del viento solar resulta en una magnetosfera muy pequeña. Mercurio no tiene una ionosfera significativa, sin embargo, observaciones de la sonda Mariner-10 en 1973 y 1975; y la sonda Messenger en 2008 muestran que la magnetosfera es dinámica, presentando variaciones en el flujo de partículas energéticas, haciendo posible la ocurrencia de sub-tempestades (Diego et al. 2020; Plainaki et al 2016; Echer 2010; Burlaga 2001).

Venus tiene una rotación lenta y en sentido opuesto al resto de los planetas y no posee un campo magnético intrínseco. El viento solar interactúa directamente con la ionosfera de Venus, produciendo un frente de choque y una cola magnética bien definida (Curry et al. 2019; Bertucci et al. 2011; Echer 2010).

Marte posee una interacción con el viento solar similar a la de Venus y no posee campo magnético intrínseco, pero algunas partes de la capa más superficial del planeta son magnetizadas y reversiones de polaridad del campo magnético pueden haber ocurrido cuando el dinamo planetario aún era activo. El viento solar puede interactuar con la atmósfera y las regiones de magnetización local. Así como Venus, Marte posee un frente de choque generado por la interacción del viento solar (Ramstad et al. 2020; Echer 2010).

4. CLIMA ESPACIAL

El clima espacial describe variaciones a corto plazo en las diferentes formas de actividad solar y sus efectos en el entorno cercano a la Tierra (Kane 2007). Algunas definiciones de clima espacial han sido propuestas, por *the US National Space Weather Plan (1995, 2000), the US National Space Weather Program*[7], una definición aceptada por 24 países en 2008 (Lilensten and Belehaki 2009) y la más reciente propuesta por *the World*

[7] http://www.nswp.gov/

Meteorological Organisation (WMO)[8]. En general, todas coinciden en que el clima espacial alrededor de un planeta depende del viento solar, la intensidad del campo magnético interplanetario y del campo magnético del planeta.

Las principales características que determinan las condiciones del clima espacial alrededor de un cuerpo en el sistema solar son: la distancia entre el cuerpo y el Sol, las propiedades del campo magnético interplanetario (sus siglas en inglés *IMF*). Así como la presencia de una densa atmósfera, en el caso de lunas planetarias gigantes, la existencia de una fuerte o débil magnetosfera. También puede ser afectado por la presencia de un cuerpo que genere su propio campo magnético, otras fuentes como plumas o volcanes y rayos cósmicos galácticos (Plainaki et al. 2016).

Los eventos solares extremos pueden originarse en la atmósfera solar, verse reflejados en el viento solar, en su impacto en la magnetosfera, ionosfera y atmósfera terrestre o de los planetas del sistema solar.

El Sol es una estrella magnéticamente activa, que presenta fenómenos eruptivos como las eyecciones de masa coronal (*CMEs)* y las llamaradas (*flares*). Algunos factores son importantes de resaltar en las eyecciones de masa coronal, específicamente aquellas que son masivas ($5x10^{13}kg$), y poseen velocidades que llegan a alcanzar $\geq 1000\, km/s$ (Rodríguez Gómez et al. 2020), llevan consigo intensos campos magnéticos ($100nT$) (Riley et al. 2017), son consideradas eventos extremos. Sus efectos se incrementan debido a condiciones preexistentes, cuando otros CMEs han ocurrido en cortos intervalos de tiempo pre acondicionando la heliosfera o interactuando entre ellos, reteniendo momento e inyectando energía mayor en la magnetosfera (Rodríguez Gómez et al. 2020).

---

[8] Four year plan for WMO coordination of space weather activities, Toward a Space Weather Watch, Annex to draft resolution 4.2.2(2)/1 (cg-17, 2015). https://library.wmo.int/doc_num.php?explnum_id=3138

Las llamaradas son eventos energéticos que también afectan las magnetosferas planetarias. Sus efectos (*Solar flare effects (Sfe)*; en inglés) son rápidas variaciones en el campo magnético de la Tierra y están relacionados con el aumento en la cantidad de radiación producida durante una llamarada solar (Curto, J. 2020).

Los eventos extremos en la magnetosfera terrestre son con frecuencia conocidos como tormentas geomagnéticas extremas y sus consecuencias pueden ser severas, con el gran número de satélites orbitando las fronteras de la magnetosfera (Riley et al. 2017). Estos eventos ocasionan variaciones ionosféricas, provocando la inducción de corrientes eléctricas en la Tierra, afectando los sistemas de distribución de energía, largos cables de comunicación, oleoductos, la reflexión, propagación y atenuación de señales inalámbricas, radio y televisión; interferencia en la señal de satélite, transmisiones, telecomunicaciones comerciales y sistemas GPS.

Por otro lado, las variaciones del campo magnético pueden afectar el control de altitud de naves espaciales y la navegación (brújulas). Las llamaradas solares observadas en longitudes de onda de radio interfieren con los radares y generan exceso de ruido en los sistemas de comunicaciones inalámbricos. En cuanto a la radiación de partículas, esta causa daños en paneles solares y semiconductores, puede también afectar a los astronautas y pasajeros de aeronaves. En la atmósfera puede ocasionar atenuación y dispersión de señales inalámbricas (Lanzerotti 2017; Kamide & Chian 2007).

4.1 Clima espacial extremo en la Tierra

Los fenómenos extremos ocurren durante episodios de aumento en la dinámica de la magnetosfera: tormentas geomagnéticas, auroras y precipitación de partículas que tienen gran importancia en el clima espacial.

A mediados del siglo XIX, los telégrafos eléctricos revolucionaron las comunicaciones. Sin embargo, los telégrafos podían sufrir interrupciones en su funcionamiento debido a descargas eléctricas de los rayos. Procesos de clima espacial originados en el Sol producen corrientes telúricas o corrientes de tierra. Este tipo de corrientes afectaron las primeras líneas de telégrafo.

Un caso reportado por Barlow (1849) describe una aurora visible el 19 de mayo de 1847 que afectó las agujas del telégrafo. Esta observación y su posible conexión entre un fenómeno natural y la nueva tecnología fue confirmado dramáticamente en septiembre de 1859 durante el máximo del ciclo solar 10. Observado por Richard Carrington (Figura 10), una llamarada solar que fue el primer evento documentado como un evento extremo de clima espacial (Carrington 1859; Cliver 2006; Oliveira 2020), ocasionando una intensa aurora que afectó varias estaciones de telégrafo desde el este de Estados Unidos, Inglaterra, Escandinavia, Bélgica, Francia, Suiza, Prusia, Austria y la Toscana (Riley et al. 2017; Lanzerotti 2017).

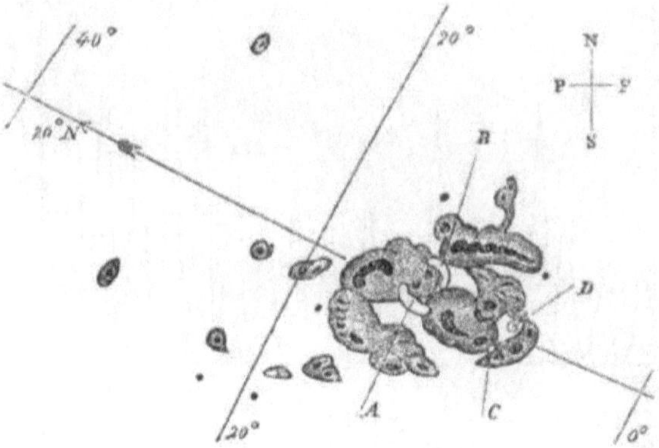

Figura 10. Evento Carrington dibujado a mano (Carrington 1859), los puntos A y B marcan las posiciones iniciales de una intensa llamarada que después de aproximadamente cinco minutos se movió a los puntos C y D, para después desaparecer. Fuente: (Carrington 1859)

La existencia de corrientes eléctricas circulando en las capas de la atmósfera alta de la Tierra fue considerada por Stewart en 1882 para explicar la variación diurna del campo geomagnético. Sin embargo, una serie de eventos históricos incluyendo el suceso en radiocomunicaciones por Marconi 1899, la predicción de la existencia de la ionosfera por

Kennelly y Heaviside en 1902, las sondas ionosféricas de Appleton y Barnett 1925 abrieron la puerta a estudios sobre la física de la ionosfera y las comunicaciones inalámbricas (Curto, J.J. 2020).

Las comunicaciones transoceánicas y oceánicas estuvieron llenas de frustraciones durante las dos primeras décadas del siglo 20. La razón principal fue el uso de una baja frecuencia haciendo posible que las comunicaciones se llevarán a cabo solamente durante la noche, cuando la radiación solar UV y los rayos X no ionizan la atmósfera alta, pero en ese momento esos efectos inducidos por el Sol no fueron identificados ni entendidos (Lanzerotti 2017; Kamide & Chian 2007).

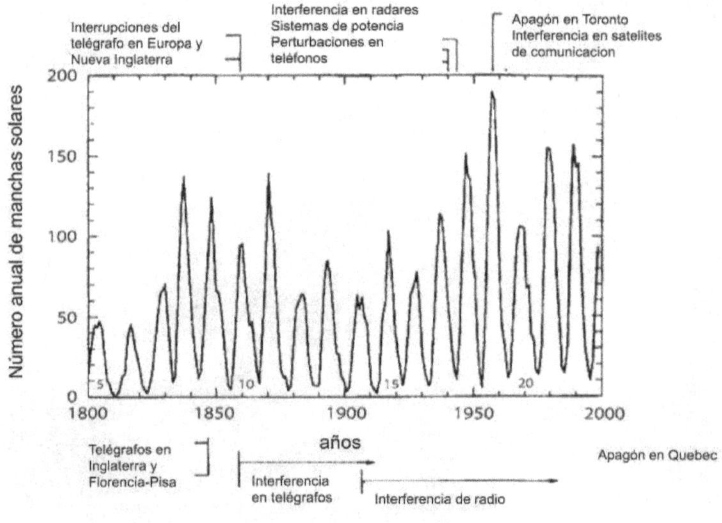

Figura 11. Números anuales de manchas solares y algunos de los más importantes impactos de la actividad solar en la Tierra. Fuente: Adaptado de Kamide & Chian 2007.

Uno de los primeros efectos registrados del impacto de la actividad solar en la Tierra y más específicamente sobre las tecnologías ocurrió durante el ciclo solar 17, en marzo de 1940 una gran tormenta geomagnética causó problemas en los sistemas de energía eléctrica en la región de Ontario y el norte de los Estados Unidos (Figura 11). Durante el ciclo solar 17 también se descubrió como intensas emisiones solares en radio interfirieron con un radar que se estaba utilizando en el Reino Unido para proporcionar advertencias de aviones alemanes durante la Segunda Guerra Mundial (Hey, 1946). Fue durante el mismo evento que se hicieron las primeras mediciones de partículas solares desde la Tierra (Forbush, 1946).

El día de la bastilla Julio 14, 2000, cerca al máximo del ciclo solar 23, ocurrió una llamarada solar de clasificación X5.7, seguido de una eyección de masa coronal (CME), que generó una gran tormenta geomagnética (Figura 12) (Watari et al. 2001). Octubre de 2003 fue un periodo de extraordinaria actividad solar, grandes llamaradas en rayos X de clasificación X17 y X10 acompañadas de eyecciones de masa coronal (CMEs) entre el 28 y 29 de octubre (Figura 13) que ocasionaron una gran tormenta geomagnética, durante este periodo las comunicaciones de alta frecuencia fueron imposibles, entre otros efectos en la ionosfera. Estos eventos ayudaron a justificar una significativa inversión en observaciones que ayuden a entender el clima espacial (Goodman 2005).

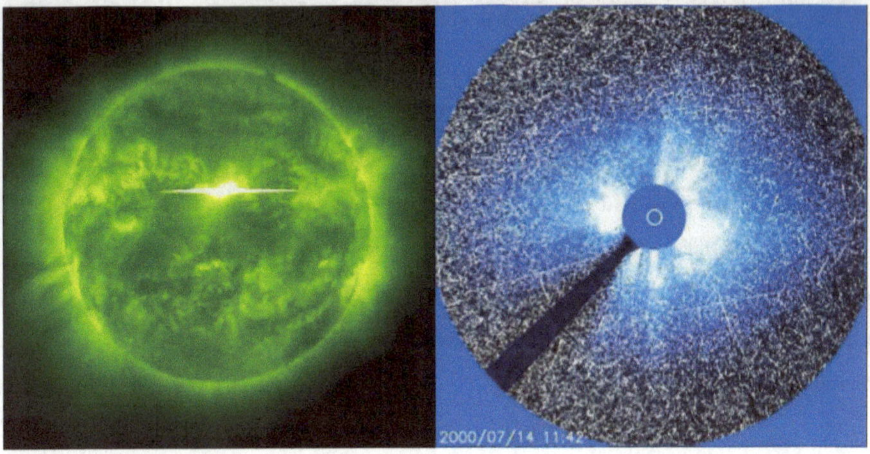

Figura 12. El evento del día de la bastilla Julio 14, 2000, visto por el satélite SOHO (panel izquierdo) ocasionó una tormenta de partículas y una CME dirigida hacia la Tierra, visto en el coronógrafo LASCO C3[9] (panel derecho).

[9] https://sohowww.nascom.nasa.gov/gallery/top10/

La influencia de estos factores en la tecnología espacial es conocida, un ejemplo de esto fue el detector de radiación del *Mars Radiation Environment Experiment (MARIE)* abordo de la nave *Mars Odyssey*, el cual se presume fallo debido a un evento de partículas energéticas solares (SEP) ocurrido entre octubre y noviembre de 2003 (Andersen 2006).

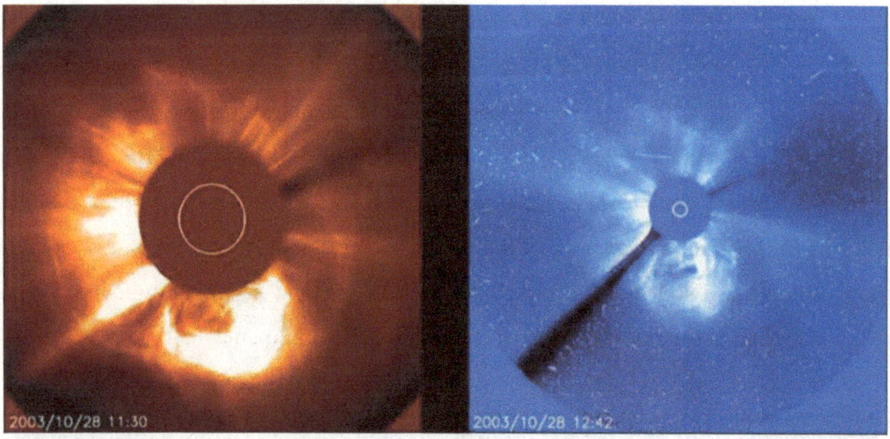

Figura 13. Evento del día de Halloween octubre 28 2003, eyección de masa coronal visto en el coronógrafo LASCO C2 (panel izquierdo) y C3[10] (panel derecho).

El clima espacial afecta la órbita de los satélites. En general, la fuerza que ralentiza la órbita de un satélite a medida que se mueve a través de la atmósfera de la Tierra o *Satellite Drag*, en inglés. Ha ocasionado accidentes desafortunados de reentrada de satélites debido a la mayor resistencia durante grandes tormentas geomagnéticas. Un ejemplo de este efecto en los satélites ocurrió en el evento de la Bastilla en julio de 2000, cuando el satélite japonés ASKA, que orbitaba a 440 km, perdió el control de altitud y finalmente reingresó. Un ejemplo más reciente es de los satélites Starlink, que fue algo sorprendente (Hapgood et al., 2022) debido a la gran cantidad de satélites perdidos (38 de 49). SpaceX lanzó los 49 satélites *Starlink* a las 18:13 UT el 3 de febrero. Desde el perigeo inicial de 210 km, los satélites se elevarían a una altitud de ~340 km en la órbita terrestre baja (*LEO*). Esta operación fue un intento desafiante para SpaceX, apuntando a altitudes

[10]https://www.thesuntoday.org/historical-sun/x17-solar-flare-and-solar-storm-of-october-28-2003/

relativamente bajas donde la resistencia atmosférica es crítica, en parte para obtener datos futuros y controlar los desechos espaciales (Kataoka et al. 2022).

En el comunicado de prensa del 8 de febrero de 2022: TORMENTA GEOMAGNÉTICA Y SATÉLITES STARLINK RECIENTEMENTE DESPLEGADOS[11], SpaceX señaló que la situación fue efecto del clima espacial. El equipo de *Starlink* ordenó a los satélites que pasaran a un modo seguro, donde volarían como una hoja de papel para minimizar la resistencia y así "protegerse eficazmente de la tormenta" y continuaron trabajando…" (Kataoka et al. 2022). Sin embargo, las eyecciones de masa coronal (*CME*) provocaron las tormentas geomagnéticas en un momento inesperado. Por lo tanto, es necesario comprender mejor los eventos eruptivos como las *CMEs y* llamaradas, en general el clima espacial, para realizar pronósticos meteorológicos espaciales más precisos que nos permitan cuidar nuestra tecnología.

Figura 14. La imagen del satélite SDO muestra una llamarada solar X5.8 que alcanzó su punto máximo a las 9:23 p.m. EDT el 10 de mayo de 2024. La imagen muestra un subconjunto de luz ultravioleta extrema que resalta el material extremadamente caliente en las llamaradas[12] (Izquierda). Auroras boreales en Montana, Wyoming, las Dakotas, Minnessota, Wisconsin, Iowa y Michigan, Estados Unidos[13] el 11 de mayo de 2024 (Derecha).

Recientemente, en la fase ascendente del ciclo solar 25, una extraordinaria tormenta geomagnética llamada la Tormenta del Día de la Madre en mayo 10-15 de 2024 (Figura

---

11 https://www.spacex.com/updates/

12 https://science.nasa.gov/science-research/heliophysics/how-nasa-tracked-the-most-intense-solar-storm-in-decades/

13 https://earthobservatory.nasa.gov/images/152815/historic-geomagnetic-storm-dazzles

14). El evento comenzó el 8 de mayo de 2024, cuando la región activa 13664 produjo una llamarada de clase X1.0 junto con múltiples llamaradas de clase M. Además de estas llamaradas, la región también lanzó varias eyecciones de masa coronal (*CME*). Estas *CME* alcanzaron la Tierra el 10 de mayo de 2024, lo que desencadenó una tormenta geomagnética extrema que causó auroras en latitudes mucho más bajas de lo habitual tanto en el hemisferio norte como en el sur (Lazzus & Salfate 2024).

4.2 ¿Cómo monitorear el clima espacial?

El Sol está siendo observado constantemente por los satélites *SDO, STEREO, IRIS, HINODE*, *Solar Orbiter*, la Sonda *Parker Solar Probe.* Aunque podemos observar las diferentes capas del Sol como la fotosfera, cromosfera, región de transición y corona, no podemos predecir con exactitud el comportamiento del Sol y como puede afectar la Tierra. Podemos observar las manchas solares en la fotosfera y su complejidad. Observamos también fenómenos eruptivos como las eyecciones de masa coronal y las llamaradas. Podemos a su vez estimar el tiempo en que una eyección de masa coronal puede llegar a la Tierra, esto es entre 1 y 4 días aproximadamente (Rodríguez Gómez et al. 2020), mientras las llamaradas pueden llegar a la Tierra en cuestión de minutos (~ 8 minutos). Sin embargo, la predicción de la actividad solar es importante, para prepararnos y proteger la tecnología y a los humanos en las futuras misiones a la Luna y otros planetas como Marte. La predicción es una tarea complicada, porque, aunque observamos el Sol constantemente, podemos observar las regiones activas que aparecen en el disco. Aún no podemos explicar por qué solo algunas de ellas, pueden ser el origen de fuertes eventos eruptivos, mientras que otras no. Así es que determinar el efecto en la Tierra (geo-efectividad) de esta actividad solar es un desafío.

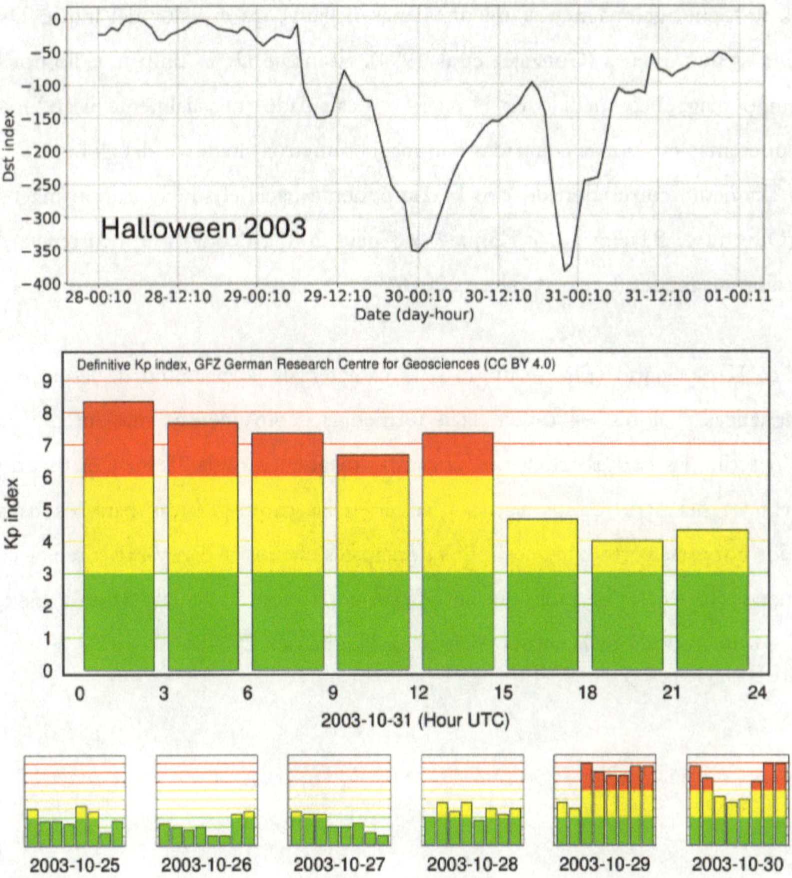

Figura 15. índice *Dst*[14] y *Kp*[15] para la tormenta geomagnética de Halloween en octubre 2003.

Desde la Tierra podemos monitorear la actividad geomagnética a escala global a través de la variación del campo magnético de la Tierra o actividad geomagnética (Rostoker 1972). Para esto se han usado índices como *Dst, Kp, AL, AU y AE* que permiten monitorear la actividad geomagnética relacionada con la actividad solar.

El índice *Dst* (*"Disturbance storm time"*; en inglés), es una medida estándar de la intensidad

[14] https://wdc.kugi.kyoto-u.ac.jp/dst_final/index.html
[15] https://kp.gfz-potsdam.de/en/figures/kp-daily-plots

de una tormenta geomagnética: mientras más negativo es el valor del índice Dst, la tormenta es más intensa (Gonzalez et al. 1994). El índice *Dst* es un promedio por hora del campo magnético medido en el suelo, es calculado mensualmente usando datos desde diferentes estaciones equipadas con magnetómetros alrededor del globo. El índice *Dst* es altamente correlacionado con la componente hacia el sur de campo magnético $B_z(t)$ (Oliveira & Silveira 2016; Kamide & Chian 2007), debido a la ocurrencia de la reconexión magnética (Souza & Silveira 2016).

El índice K planetario (*Kp*), se utiliza para caracterizar la magnitud de las tormentas geomagnéticas. Valores >4 caracterizan tormentas geomagnéticas más intensas. Este índice describe las perturbaciones en el campo magnético de la Tierra y es usado para decidir si es necesario emitir alertas y advertencias geomagnéticas para los usuarios afectados por estas perturbaciones[16]. Los principales efectos se dan sobre la red eléctrica, los usuarios de señales de radio que se reflejan en la ionosfera o que pasan a través de ella y los observadores de la aurora (Wagner & Neuhäuser, 2019).

[16] https://www.swpc.noaa.gov/products/planetary-k-index

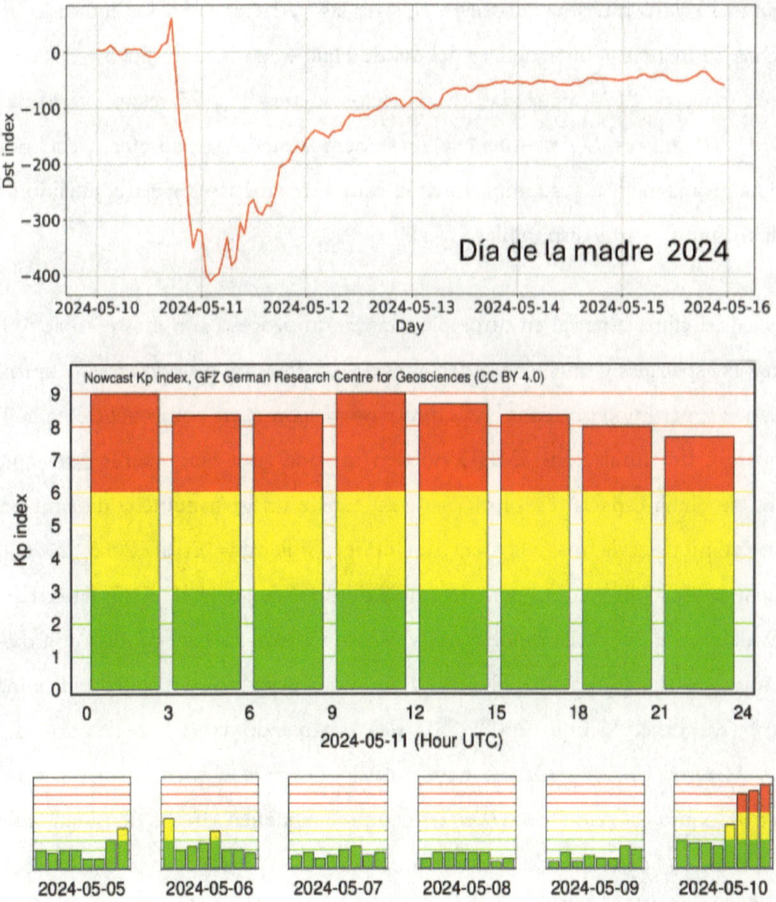

Figura 16. índice *Dst* y *Kp* para la tormenta geomagnética del Día de la Madre en mayo 2024.

Los índices *AE, AU y AL* fueron diseñados por T. N. Davis y M. Sugiura en 1966. Estos índices describen el nivel de perturbación registrado por los magnetómetros de la zona auroral. Las envolventes superior e inferior de esta superposición definen los índices *AU* (amplitud superior) y *AL* (amplitud inferior), respectivamente. La diferencia entre las dos envolventes determina el índice *AE* (*Electrojet Auroral*), es decir, *AE* = *AU* - *AL*[17](Costa et al. 2011b).

17 https://ccmc.gsfc.nasa.gov/modelweb/solar/ae.html

Las figuras 15 y 16 muestran dos ejemplos de las variaciones en los índices *Dst* y *Kp* durante las tormentas geomagnéticas del día de Halloween octubre 2003 y del Día de la Madre en mayo de 2024, ocurridas en los ciclos solares 23 y 25 respectivamente. Con valores de los índices *Dst* $\leq -100nT$ y *Kp* 4 demostrando la geo-efectividad de estas tormentas geomagnéticas y su impacto en el campo magnético terrestre, medido con las redes de magnetómetros disponibles.

El estudio del clima espacial en otros planetas es un proceso aún más complejo. Datos de las naves espaciales y satélites pueden generar información cuando estas se aproximan a los planetas, pero no contamos con un monitoreo constante como ocurre en la Tierra. Sin embargo, las simulaciones MHD pueden ser una gran herramienta para entender procesos de clima espacial en otros planetas. Existe un gran número de simulaciones MHD para modelar la magnetosfera de Júpiter (Fukazawa et al. 2005, 2006, 2010; Moriguchi et al. 2008) y la magnetosfera de Saturno (Wingle et al. 2013; Jia & Kivelson 2012; Walker et al 2011). El modelo mSWiM es un ejemplo. Este modelo usa datos de viento solar propagado hasta los planetas usando una descripción magnetohidrodinámica (MHD)[18] (Zieger & Kennth 2008). Los datos han sido validados usando datos de Pioneer, *Voyager, Ulysses* y *Cassini*. Este modelo describe el viento solar a través de parámetros como la velocidad $v(km/s)$, campo magnético $B(nT)$, densidad numérica $N(cm^{-3})$, donde # corresponde al número de partículas y temperatura T(K) (Rodríguez Gómez 2024(b), 2023 y 2021).

El uso de medidas *in situ* obtenidas por las naves espaciales como Voyager, Galileo, Cassini, Ulyses, New Horizons y Juno, permite observar de cerca variaciones en la magnetosfera de algunos planetas, un ejemplo son las auroras polares. Algunas de estas naves espaciales permiten medir también variaciones en el campo magnético y evaluar las variaciones debidas al viento solar. Pero la combinación de estas medidas y los modelos pueden permitir una mejor comprensión de los fenómenos de clima espacial en planetas, generando una razonable descripción de la estructura en gran escala y la dinámica de las magnetosferas planetarias, para las futuras exploraciones.

---

[18] http://mswim.engin.umich.edu/

4.3 Impacto de la actividad solar en la Ionosfera terrestre

Si bien los efectos de los eventos eruptivos solares y más específicamente los eventos solares extremos evidenciados en las variaciones del campo magnético terrestre a través de los índices geomagnéticos, por ejemplo, los índices *Dst* y *Kp*, muestran el efecto del clima espacial en nuestro planeta. La Ionosfera terrestre también se ve fuertemente afectada por estos eventos. Esta capa de la atmósfera terrestre es particularmente sensible al clima espacial porque está compuesta de partículas cargadas que reaccionan a los cambios en las condiciones eléctricas y magnéticas.

Los átomos y las moléculas de la atmósfera se ven afectados por la alta energía de los fotones de rayos X, así como la radiación ultravioleta extrema (*EUV*; en inglés) del Sol (Rodríguez Gómez 2024(a)). La densidad de la ionosfera cambia también, debido a la variabilidad solar. Fenómenos eruptivos solares, como las eyecciones de masa coronal (*CMEs*) y las llamaradas (*flares*), los cambios en el viento solar y las tormentas geomagnéticas pueden afectar las propiedades de la ionosfera. Dado que la mayor cantidad de ionización es causada por la irradiancia solar (Rodríguez Gómez 2024(a)), el lado nocturno de la Tierra y el polo que apunta en dirección opuesta al Sol (según la estación) tienen mucha menos ionización que el lado diurno de la Tierra[19], esto quiere decir que la ionosfera es una capa variable.

El clima espacial ionosférico podría definirse como el estado instantáneo de la estructura atmosférica superior de la Tierra, que es dinámica y electrodinámica en condiciones perturbadas. Incluso en condiciones típicas (normales, regulares, tranquilas), la atmósfera superior de la Tierra está en constante movimiento. Esto es particularmente importante en la termosfera, donde los rayos X y la radiación ultravioleta extrema del Sol se absorben y elevan la temperatura a más de 1000° K.

Cambios en la temperatura de la atmósfera influyen en las interacciones entre los iones y los componentes neutros de la atmósfera. Durante los eventos solares eruptivos que

---

[19] https://www.swpc.noaa.gov/phenomena/ionosphere

arriban a la atmósfera terrestre, los cambios de circulación atmosférica pueden impulsar vientos a velocidades muchas veces superiores a las normales en comparación con los períodos tranquilos, lo que puede causar una redistribución sustancial del plasma y modificar aún más la estructura del plasma en la atmósfera (Cander, 2018 y referencias allí).

La estructura y dinámica de la atmósfera terrestre, así como su acoplamiento con la magnetosfera, es complejo. La ionosfera de la Tierra es muy variable no solo en el tiempo sino también en el espacio, presentando características climáticas y meteorológicas discretas en todas las latitudes, longitudes y altitudes. Por lo tanto, los cambios cíclicos en las características y parámetros según la época solar, la estación y la hora del día van acompañados de variaciones espaciales en distancias de cientos de kilómetros. Existen además variaciones irregulares importantes, en ocasiones únicas de un día para otro en un momento determinado e incluso de un minuto a otro en una sola hora, durante eventos solares y geomagnéticos repentinos.

Un ejemplo de la importancia de la ionosfera terrestre en los sistemas de comunicaciones terrestres, son las ondas de radio HF (*High Frequency*; en inglés) que utilizan la ionosfera terrestre como reflector, lo que depende de la densidad electrónica del medio ionizado. Esto significa que, en el máximo solar, se reflejan las frecuencias más altas en la banda HF (3–30 MHz, 100–10 m), mientras que en el mínimo solar la radiación del Sol es más débil y la densidad de partículas cargadas puede soportar las señales de frecuencia más baja en la banda HF. También la propagación de radio de frecuencias más bajas, la banda VLF (*Very Low Frequency*; en inglés) (3–30 kHz, 100–10 km), se produce a través de las ondas formada entre la Tierra y las regiones más bajas de la ionosfera, que están sujetas a variaciones causadas por llamaradas solar. El inicio de una llamarada solar normalmente se mide en minutos, lo que da lugar a cambios bruscos en la amplitud y fase de la señal. Estos cambios pueden ocasionar pérdida de señal y/o bloqueo en las comunicaciones criptográficas submarinas (Cander, 2018).

En general, las estructuras de la ionosfera y la termosfera varían significativamente en el tiempo, por ejemplo, si es día o noche, dependiendo de la estación, el ciclo solar y la ubicación o latitud (por ejemplo, latitudes altas, medias o bajas, regiones ecuatoriales, polares, zona auroral). Afectando en diferente medida la transmisión de señales como se abordó anteriormente, así como a los satélites de órbita baja. La actividad solar en la ionosfera se manifiesta principalmente a través del calentamiento Joule y la precipitación de partículas energéticas, produciendo un aumento de la densidad atmosférica en la órbita baja terrestre (*LEO: Low Earth Orbit;* en inglés). Este escenario afecta negativamente el movimiento o la trayectoria de los satélites en órbita baja terrestre y, por lo tanto, plantea un desafío para el funcionamiento de las sondas espaciales en el entorno espacial cercano a la Tierra (Nwankwo & Chakrabarti, 2018).

5. DISCUSIÓN

Aunque el clima espacial se origina mucho más allá de la atmósfera superior de la Tierra, sus efectos pueden ser graves para los seres humanos y nuestra tecnología, con el potencial de comprometer una variedad de sistemas civiles y militares. En la sociedad moderna, dependiente de la electrónica en general, la mayoría de las aplicaciones contemporáneas involucran directamente a la ionosfera y la termosfera de la Tierra, lo que genera un enorme interés científico en el clima espacial.

La naturaleza de la actividad solar y sus efectos en las magnetosferas e ionosferas es muy importante en nuestra sociedad que cada día depende más de la tecnología. Pero ¿cuáles son las consecuencias de los eventos extremos de clima espacial?

Desde la última década se ha reconocido la importancia e interdependencia de varios componentes de nuestra compleja y tecnológica sociedad. Interrupciones de energía eléctrica y suministros de petróleo/gas pueden verse afectadas. Así como afectar sectores, incluyendo bancos, finanzas, servicios de gobierno y respuestas de emergencia (Riley et al. 2017). Una de las más controversiales y potenciales consecuencias de una tormenta geomagnética extrema puede conllevar pérdidas de 1-2 trillones de dólares, 130 millones de personas sin energía eléctrica por varios años, debido a la destrucción de cientos de transformadores (Kappenman 2012). Tormentas como la de marzo de 1989, dan una idea de como la tecnología y la red eléctrica, en particular, podrían verse afectadas. Tormentas geomagnéticas como la ocurrida en octubre de 2003 (llamada "tormenta de Halloween") a la que se le atribuyen la destrucción de cinco transformadores y el daño de diez más en Sudáfrica (McMorrow 2011).

Así como el caso de la pérdida de los satélites *Starlink* debido a condiciones del clima espacial y como se describió en la sección 4.1. Más recientemente, en mayo de 2024, nombrada la tormenta del Día de la Madre, es el ejemplo más contemporáneo del efecto de la actividad solar en la Tierra (Figura 14 y 15). Esta tormenta mostró como la sucesión de eyecciones de masa coronal, seguidas de varias llamaradas solares ocasionó una de las más importantes tormentas geomagnéticas de este ciclo solar.

Esta puede ser la primera de varias tormentas geomagnéticas que veremos durante el ciclo solar 25, que parece ser bastante activo comparado con su predecesor. Sin embargo, inferir las probables consecuencias de un evento extremo de clima espacial es un camino incierto aún. Nuestra experiencia se limita a un puñado de eventos, necesitamos un estudio en largas escalas de tiempo que permita describir mejor estos posibles escenarios y prepararnos para ellos.

BIBLIOGRAFÍA

[1] J. M. Rodríguez. El Sol y la irradiancia. El Sol: conceptos básicos. Editorial Académica Española. ISBN-13: 978-620-2-16518-1, ISBN-10: 6202165189, EAN: 9786202165181. (2018a)

[2] J.M. Rodríguez Gómez, F. Carlesso, L.E. Vieira e L. Silva, Revista brasileira de ensino física, **40**, e3312 (2018b).

[3] E. Echer, N. Rigozo, D. Nordemann, L.E. Antunes Vieira, A. Prestes e H. De Faria, Revista Brasileira de Ensino de Física **25**, 157 (2003).

[4] J. A. Eddy The Maunder Minimum. Science, **192** (4245), 1189–1202, (1976).

[5] J. T. Gosling. Coronal mass ejections: An overview. In N. Crooker, J. A. Jocelyn, & J. Feynman (Eds.), Coronal Mass Ejections, Geophysical Monograph Series, **99**, 9-16. Washington, D.C.: American Geophysical Union, (1997).

[6] N, Gopalswamy, S. Yashiro; G. Michalek, G. Stenborg; A. Vourlidas, S. Freeland, R. Howard. Earth, Moon, and Planets, **104**, 1-4, 295-313, (2009)

[7] Nelson, O. R. A pedagogical approach of the nature of the heating processes in the stellar atmosphere. Revista Brasileira de Ensino de Fisica, **35,** 3, 3317, (2013).

[8] A. Balogh, A., V. Bothmer, N,U. Crooker, R.J. Forsyth, G. Gloeckler, A. Hewish, M, Hilchenbach, R. Kallenbach, B. Klecker, J. Linker, E. Lucek, G. Mann, E. Marsch, A. Posner, I. Richardson, J. Schmidt, M.S. Wang, R. W.-S. M. R. Aellig, P. Bochsler, S. Hefti, Z. Mikic. The solar origin of corotating interaction regions and their formation in the inner heliosphere. Space Science Reviews, **89,** 1, 141-178, (1999).

[9] D.M. Oliveira, M.V.D. Silveira, Reação da termosfera a tempestades geomagnéticas. Rev. Bras. Ensino Fís. **39**, 3 São Paulo, (2017).

[10] Jr., E., Costa, F. J. R. Simões, F. R., Cardoso, & M. V. Alves. O vento solar e a tempestade geomagnética. Revista Brasileira de Ensino de Física, **33,** 4, 4301,(2011a).

[11] Jr. E. Costa, F. J. R. Simoes, F. R., Cardoso, & M. V. Alves. Ondas de Alfvén no meio interplanetario. Revista Brasileira de Ensino de Física, **33,** 2, 2302, (2011b).

[12] M. Moldwin. An Introduction to Space Weather, Cambridge, UK: Cambridge University Press, (2008)

[13] R. Schwenn, Space weather: the solar perspective. Living Review in Solar Physics, **3,** 2 (2006)

[14] E. Echer, M. Alves & W. Gonzalez. Collisionless shock waves in the interplanetary space. Revista Brasileira de Ensino de Fiısica , **28,** 1, 51–66, (2006).

[15] O. Novik, F. Smirnov, M. Volgin. Space Weather. In: Electromagnetic Geophysical Fields. Springer, Cham, (2019).

[16] P. Pires Ferreira. M. Dias Silveira, F. Reis Cardoso. D. Koga. V. Silva Souza, L. Vieira, G. Fariñas, B. Cuadros-Melgar, W. Gonzalez, E. dos Santos. Conceitos básicos sobre a física da formação de tubos de fluxo magnético nas proximidades da Terra. Rev. Bras. Ensino Fís, **39** no.2 São Paulo (2017).

[17] R.P. Kane, The idea of space weather- a historical perspective. Advances in Space Research, **37**, 6, 1261-1264, (2007b)

[18] J. Lilensten, A. Belehaki. Developing the scientific basis for monitoring, modeling and predicting space weather. Acta Geophysics, **57**, 1-14, (2009)

[19] C. Plainaki, J. Lilensten, A. Radioti, M. Andriopoulou, A. Milillo, T. Nordheim, J. Dandouras, A. Coustenis, D. Grassi, V. Mangano, S. Massetti, S, Orsini, A. Lucchetti. Planetary Space Weather: Scientific aspects and future perspectives. J.Space Weather Space Climate, **6**, A31, (2016)

[20] L. Biermann. Solar corpuscular radiation and the interplanetary gas. The observatory, **77**, 109-110, (1957)

[21] R. P. Kane. Early history of cosmic rays and solar wind – Some personal remembrances. Advances in Space Research, **44** (10), 1252–1255, (2007a) https://doi.org/10.1016/j.asr.2008.10.041

[22] M. Glenn Sterenborg, O. Cohen, J. J. Drake, and T. I. Gombosi. Modeling the young Sun's solar wind and its interaction with Earth's paleomagnetosphere. Journal Of Geophysical Research, **116**, A01217, doi:10.1029/2010JA016036 , (2011)

[23] E. Schatzman. 28. Stellar Evolution with Mass Loss. Extrait des Memoires de la societe royale des Sciences de liege, cinguieme serie, Tome III, fascicule unique. Institut d'Astrophysique, cointe-Sclessin, Belgique, 295-29, (1959)

[24] P. Biermann. Density Shock Waves Driven by Star Formation - a Mechanism. Astronomy and Astrophysics, 22, 407, (1973)

[25] Gold, T. Motions in the magnetosphere of the Earth. Journal of Geophysical Research, **64**, 9, 1219-1224. https://doi.org/10.1029/JZ064i009p01219 (1959a)

[26] D. M. Oliveira. Uma andorinha só não faz verão: 160 anos do legado de Richard Carrington. Revista Brasileira de Ensino de Física, **42**, 1, 1-9, 2020. https://doi.org/10.1590/1806-9126-RBEF-2019-0213

[27] K. Birkeland. The Norwegian aurora polaris expedition, 1902-1903. **1**. Oslo, Norway: H. Aschehoug & Co. https://doi.org/10.5962/bhl.title.17857 (1908)

[28] I.G. Richardson. Solar wind stream interaction regions throughout the heliosphere. Living Reviews in Solar Physics, **15**, 1, 2018.

[29] P. Janardhan. S. Vadawale, B. Bapat, K.P. Subramanian, D. Chakrabarty, P. Kumar, A. Sarkar, N. Srivastava, T.R. Satheesh, V.K. Yada, M.B. Dhanya, G. Nampoothiri, J.K. Abhishek, A. Bhardwaj, K. Subhalakshmi. Probing the heliosphere using in situ payloads on-board Aditya-L1. Current Science, **113**, 4, 620, (2017)

[30] J. T. Gosling, R.T. Hansen, S.J. Bame. Solar wind speed distributions: 1962 - 1970. Bulletin of the Astronomical Society, **3**, 267, (1971)

[31] M. Neugebauer, C.W. Snyder. Solar plasma experiment. Science **138**:1095–1097. https://doi.org/10.1126/science.138.3545.1095-a, (1962)

[32] Y. Kamide, A. Chian. Handbook of the solar terrestrial environment, Springer Berlin Heidelberg New York, (2007)

[33] W.I. Axford, The heliosphere, Space Science Reviews, **78**, 1-2, 9-14, (1996).

[34] M.J. Aschwanden. Physics of the solar corona. An introduction with problems and solution, 2005

[35] H. Zirin. Astrophysics of the Sun (1988)

[36] J.M. Rodríguez Gómez. Evolution of the electron density, temperature distribution in the solar corona during the solar cycles 23 and 24. PhD thesis INPE, (2017)

[37] A. Z. Wafaa, A. Zainab. Studying the interaction between the CME magnetic field and Jupiter's magnetic field simulation. International journal of current research and academic review, **4**,1, 77-90, (2016)

[38] R. Schwenn. Solar Wind Sources and Their Variations Over the Solar Cycle. Space Science Reviews, **124**, 1-4, 51-76 (2006)

[39] M. G. Kivelson, C.T. Russell. Introduction to Space Physics. Edited by Margaret G. Kivelson and Christopher T. Russell, 586. ISBN 0521451043. Cambridge, UK: Cambridge University Press,(1995)

[40] P. A. Delamere, F. Bagenal, C. Paranicas, A. Masters, A. Radioti, B. Bonfond, B.; J. Ray, X. Jia, J. Nichols, C. Arridge. Solar Wind And Internally Driven Dynamics: Influences On Magnetodiscs And Auroral Responses. Space Science Review, **187**:51-97, (2015)

[41] S.J. Bolton, F. Bagenal, M. Blanc, T. Cassidy, E. Chané, C. Jackman, X. Jia, A. Kotova, N. Krupp, A. Milillo, C. Plainaki, H. Smith, H., Waite. Jupiter's Magnetosphere: Plasma Sources and Transport. Space Sci Rev. **192**:209–236, (2015)

[42] M.G. Kivelson, F. Bagenal. Chapter 28, Planetary Magnetospheres. Encyclopedia of the Solar System (Second Edition), Editors: Lucy-Ann McFadden, Paul R. Weissman, Torrence V. Johnson. Academic press, 519-540. ISBN: 978-0-12-088589-3, 519-540, https://doi.org/10.1016/B978-012088589-3/50032-3. (2007)

[43] J.D. Richardson. The solar wind and its interaction with the interstellar medium. Astrophysics and space science proceeding, 83-98, (2010)

[44] Gilbert, W. De Magnete, Magneticisque Corpori bus, et de Magno Magnete Teilure (English: On the Magnet and Magnetic Bodies, and on that Great Magnet the Earth). New York, NY: Dover Publications. (1600)

[45] D. Oliveira. Ionosphere-magnetosphere coupling and field-aligned currents. Revista Brasileira de Ensino de Física, 36, 1, 1305 https://doi.org/10.1590/S1806-11172014000100005 (2014)

[46] L.S. Alperovich, E.N. Fedorov. Hydromagnetic Waves in the Magnetosphere and the Ionosphere. Springer, ISBN 978-1-4020-6636-8, (2007)

[47] H. Rishbeth, O.K. Garriott. Introduction to ionospheric physics. Academic press, new York and London, (1969)

[48] J. M. Rodríguez Gómez, Solar Spectral Irradiance in EUV: impact on the Earth 's atmosphere. La Radiación Solar en Extremo Ultravioleta: Implicaciones en la Atmósfera de la Tierra. Revista Brasileira de Ensino de Física, vol. 46, e20230212, **2024** DOI:https://doi.org/10.1590/1806-9126-RBEF-2023-0212

[49] J.K. Hargreaves. The solar-terrestrial environment. An introduction to geospace - the science of the terrestrial upper atmosphere, ionosphere and magnetosphere.Camb. Atmos. Space Sci. Ser., **5, (**1995)

[50] E. Zesta & C.Y. Huang. Satellite orbital drag. In G. V. Khazanov (Ed.), Space Weather Fundamentals, 329 - 351. Boca Raton, FL: CRC Press, (2016).

[51] D.M. Oliveira & M. V. D. Silveira. Reação da termosfera a tempestades geomagnéticas. Revista Brasileira de Ensino de Física, **39**, 3, e3305. https://doi.org/10.1590/1806-9126-RBEF-2016-0219 (2017)

[52] R.S. Dutra, D.S.R. Ferreira, A.S.M. Goncalves & G.M.Carvalho. Efeitos do vento solar na magnetosfera terrestre: uma abordagem didática dos cinturões de Van Allen. Revista Brasileira de Ensino de Física, 42, 1, e20190164. https://doi.org/10.1590/1806-9126-rbef-2019-0164 (2020)

[53] E. Echer, Magnetosferas planetárias. Rev. Bras. Ensino Fís. **32** no.2 São Paulo 2010

[54] C. Guervilly, P. Cardin, N. Schaeffer. A dynamo driven by zonal jets at the upper surface: applications to giants planets. Icarus, **218**, 100-114, (2012)

[55] F. Herbert. Aurora and magnetic field of Uranus, J. Geophys. Res, **114**, A11, (2009)

[56] D.Turrini, R. Politi, D. Peron, D. Grassi, C. Plainaki. The comparative exploration of the ice giant planets with twin spacecraft: unveiling the history of our solar system. Planet. Space Sci, **104**, 93-107, (2014)

[57] C.C. Arridge, N. Agnor, K.H. Andre, L.N. Baines. Uranus Pathfinder: exploring the origins and evolution of Ice planets. Exp. Agric., **33**, 753-791, (2012)

[58] P. Zarka. Auroral radio emissions at the outer planets: observations and theories. J. Geophys. Res, **103 (E9)**, 20159-20194, (1998)

[59] P. Zarka, P.B.M. Perdensen, A. Lecacheux, M,L. Kaiser, M.D. Desch, W.M. Farrell, W.S. Kurth. Radio emissions from Neptune. In: D.P. Cruikshank, M.S. Matthews, and Schumann, A.M, Editors. Neptune and Triton, Astronomiches Rechen-Institute Publisher, Germany, 341-387, (1995)

[60] J.D. Richardson, J.W. Belcher, M. Zhang, Jr. R.L, McNutt. Low energy ions near Neptune. J. Geophys, Res, **96 (18)**, 993, (1991)

[61] A. Masters. Magnetic reconnection at Uranus magnetopause. J. Geophys. Res, **119**, 5520-5538, (2014).

[62] T.I. Gombosi, T.P. Armstrong, C.S. Arridge, K.K. Khurana, S.M. Krimigis, N, Krupp, A.M. Persoon, M.F. Thomsen. Saturn's magnetospheric Configuration. In: M.K. Dougherty, L.W. Esposito and Krimigis, S.M. Editors. Saturn from Cassini-Huygens, Springer Science+Bussines Media, B.V, Heidelberg, 203, (2009).

[63] M. Blanc, S. Bolton, J. Bradley, M. Burton, T.E. Cravens. Magnetospheric and plasma science with Cassini-Huygens. Space Sci. Rev, **104**, 253-346, (2002).

[64] M. Andriopoulou, N. Roussos, C., Krupp, M., Paranicas, S., Thomsen, S., Krimigis, M.K. Dougherty, K.H. Glassmeier. Spatial and temporal dependence of the convective electric field in Saturn's inner magnetosphere. Icarus, **229**,57-70, (2014).

[65] A.J. Coates, H. J., Mc Andrews, A.M. Rymer, D.T. Young, F.J. Crary. Plasma electrons above Saturn's main rings: CAPS observations. Geophys. Res. Lett, **32**, L14S09, (2005)

[66] A. Radioti, D. Grodent, J.C. Gerard, S.E. Milan, B. Bonfond, J. Gustin, W. Pryor. Bifurcations of the main auroral ring at Saturn: ionospheric signatures of consecutive reconnection events at the magnetopause, J. Geophys. Res, **116**, A11209, (2011)

[67] J.W. Dungey. Interplanetary magnetic field and the auroral zones. Phys. Rev. Lett, **6**, 47-48, (1961).

[68] V.M. Vasyliunas. Plasma distribution and flow. In: A.J. Dessler, Editor. Physics of the Jovian magnetosphere, Cambridge University Press, **A83**-26611, 10-91, Cambridge and New York, 395-453, (1983)

[69] P.A. Delamere, and F. Bagenal. Magnetotail structure of the giant magnetosphere: implications of the viscous interaction with the solar wind, J. Geophys. Res. **118(11),** 7045-7053, (2013)

[70] M.L. Desch, Kaiser, Voyager measurements of the rotation period of Saturn's magnetic field. Geophysics Research Letters, **8**, 3, 253-256, (1981)

[71] J.H. Waite, R.V. Niemann, W.T. Yelle, T.E. Kasprzak, T.E., Cravens. Ion neutral mass spectrometer results from the first flyby of Titan. Science, **308**, 982-986, (2005)

[72] C. Bertucci, F. Duru, N. Edberg, M. Fraenz, C. Martinecz, K. Szego, O. Vaisberg. The Induced Magnetospheres of Mars, Venus, and Titan, **162**:113–171, Space Sci Rev, (2011)

[73] E.J. Bunce, S.W.H. Cowley, T.K. Yeoman. Jovian cusp process: implications for the polar aurora. J. Geophys. Res, **109**, A09S13, (2004)

[74] A. Radioti, J.C. Gérard, D. Grodent, B., Bonfond, N. Krupp, J., Woch. Discontinuity in Jupiter's main auroral oval. Journal Of Geophysical Research, **113**, A01215. doi:10.1029/2007JA012610 (2008)

[75] P. Diego, M. Piersanti, M., Laurenza, U. Villante, U. Properties of Solar Wind Structures at Mercury's Orbit. Journal of Geophysical Research: Space Physics, **125**, Issue 9, article id. e28281, (2020)

[76] L.F. Burlaga,. Magnetic fields and plasmas in the inner heliosphere: helios results. Planet Space Sci, **49**, 14-15, 1619-1627, (2001)

[77] H. Curry, J. Luhmann, J. Gruesbeck, Y. Ma, S. Bale, K. Goodrich. The Venusian magnetosphere: past, present and future. EPSC Abstracts, (2019).

[78] R. Ramstad, D.A. Brain, Y. Dong, J. Espley, J., Halekas, B., Jakosky. The global current systems of the Martian induced magnetosphere. Nature Astronomy, **4**, 979-985, (2020)

[79] J.M. Rodríguez Gómez, T. Podladchikova, A. Veronig, A. Ruzmaikin, J. Feynman, A. Petrukovich, A. Clustering of Fast Coronal Mass Ejections during Solar Cycles 23 and 24 and the Implications for CME-CME Interactions. The Astrophysical Journal, **899**, Issue 1, id.47, (2020).

[80] Curto, J. J. Geomagnetic solar flare effects: a review. J. Space Weather Space Clim. 10, 27, (2020)

[81] P. Riley, D. Baker, Y. Liu, P. Verronen, H. Singer, M. Güdel. Extreme Space Weather Events: From Cradle to Grave. Space Sci Rev, **214**:21, (2017)

[82] L.J. Lanzerotti. Space Weather: Historical and Contemporary Perspectives. Space Sci Rev, **212**:1253–1270, (2017)

[83] E.W. Cliver. The 1859 space weather event: Then and now. Advances in Space Research, **38**, 2, 119-129. https://doi.org/10.1016/j.asr.2005.07.077 (2006)

[84] Carrington, R.C. Description of a singular appearance seen in the Sun on September 1, 1859. Mon. Not. R. Astron. Soc. **20,** 13–15,(1859)

[85] J.S. Hey. Solar Radiations in the 4-6 Metre Radio Wave-Length Band.Nature, **157**, 3976, 47-48, (1946)

[86] S.E. Forbush. Three Unusual Cosmic-Ray Increases Possibly Due to Charged Particles from the Sun, Physical Review, **70,** 9-10, 771-772, (1946)

[87] S. Watari, M. Kunitake, T. Watanabe. The Bastille Day (14 July 2000) Event In Historical Large Sun–Earth Connection Events. Solar physics, **204**, 425–438, (2001).

[88] J.M. Goodman. Space weather and telecommunications, The Springer International Series in Engineering and Computer Science, ISBN 978-0-387-23671-1, New York, (2005)

[89] V. Andersen. Observations of cosmic ray modulation with MARIE. BAAS, 1, 38, (2006)

[90] Hapgood M, Liu H, Lugaz N. 2022. SpaceX-Sailing close to the space weather? *Space Weather* **20**: e2022SW003074. https://doi.org/10.1029/2022SW003074.

[91] Kataoka, R., Shiota, D., Fujiwara,H. Jin, H., Tao, C., Shinagawa, H. and Miyoshi, Y. Unexpected space weather causing the reentry of 38 Starlink satellites in February 2022. J. Space Weather Space Clim., 12 (2022) 41. https://doi.org/10.1051/swsc/2022034

[92] Lazzus, J.A.; Salfate, I. Report on the effects of the May 2024 Mother's day geomagnetic storm observed from Chile. Journal of Atmospheric and Solar-Terrestrial Physics, 261 (2024) 106304

https://doi.org/10.1016/j.jastp.2024.106304

[93] Rostoker, G. Geomagnetic indices. Reviews of Geophysics, 10, **4**, 935-950, (1972)

[94] Gonzalez, W. D.; Joselyn, J. A.; Kamide, Y.; Kroehl, H. W.; Rostoker, G.; Tsurutani, B. T.; Vasyliunas, V. M. What is a geomagnetic storm? Journal of Geophysical Research, **99**, A4, 5771-5792, (1994)

[95] D.M. Oliveira, D.M, Silveira. Clima espacial e choques interplanetários. Rev. Bras. Ensino Fís. **38** no.1 São Paulo, (2016)

[96] V.M. Souza, M.V.D. Silveira, D. Koga, P.R. Jauer. Bases teóricas de reconexao magnética. Revista Brasileira de Ensino de Física , 38 (2), e2301. (2016) https://doi.org/10.1590/S1806-11173812132

[97] D. Wagner, R. Neuhäuser. Variation of the auroral oval size and offset for different magnetic activity levels described by the Kp-index. Astronomische Nachrichten, **340**, 6, 483-493, (2019).

[98] K. Fukazawa, T. Ogino, R.J. Walker. Dynamics of the Jovian magnetosphere for northward interplanetary magnetic field (IMF). Geophysics Research Letters, **32**, l03202, (2005)

[99] K. Fukazawa, T. Ogino, R.J. Walker. Configuration and dynamics of the Jovian magnetosphere, Journal Geophysics Research, **111**, A10207, (2006)

[100] K. Fukazawa, T. Ogino, R.J. Walker. A simulation study of dynamics in the distant Jovian magnetotail. Journal Geophysics Research, **115**, A09219, (2010)

[101] T. Moriguchi, A. Nakamizo, T. Tanaka, T. Obara, H. Shimazu. Current systems in the Jovian magnetosphere. Journal Geophysics Research, **113**, A05204, (2008)

[102] R.M. Wingle, A. Kidder, E. Harnett, N. Iflan, C. Paty, D. Snowden. Generation of periodic signatures at Saturn through Titan's interaction with the centrifugal interchange instability. Journal Geophysics Research, **118**, 4253-4269, (2013)

[103] X. Jia, M.G. Kivelson. Driving Saturn's magnetospheric periodicities from the upper atmosphere/ionosphere: magnetotail response to dual sources, Journal Geophysics Research, **117**, A11219, (2012)

[104] R.J. Walker, K. Fukazawa, T. Ogino, D. Morozoff. A simulation study of Kelvin-Helmholtz waves in Saturn's magnetopause. Journal Geophysics Research, **116**, A03203, (2011)

[105] B. Zieger, B., H. Kennth. Statistical validation of a solar wind propagation model from 1 to 10 AU. Journal of Geophysical Research: Space Physics, **113**, A8, A08107, (2008)

[106] G.A. Toth. General Code for Modeling MilD Flows on Parallel Computers: VersatileAdvection Code, Astrophysical Letters and Communications, **34**, p.245, (1996)

[107] The Interaction of Solar Wind with Jupiter's Magnetosphere. Jenny M. Rodríguez-Gómez. *Current Research Progress in Physical Science Vol. 2*, 10 July 2024, Page 1-8. https://doi.org/10.9734/bpi/crpps/v2/445

[108] Rodríguez-Gómez, J. Solar Wind Interaction with Jupiter's Magnetosphere. *Advances in Aerospace Science and Technology,* **8**, 34-54. **2023** doi: 10.4236/aast.2023.83004.

[109] Cander, L. Ionospheric Space Weather. ISBN:978-3-319-99330-0. Published: 27 September 2018. https://doi.org/10.1007/978-3-319-99331-7

[110] Nwankwo, V., Chakrabarti, S. Effects of space weather on the ionosphere and LEO satellites' orbital trajectory in equatorial, low and middle latitude. Advances in Space Research. Volume 61, Issue 7, 1 April 2018, Pages 1880-1889. https://doi.org/10.1016/j.asr.2017.12.034

[111] J.G. Kappenman, Geomagnetic disturbances and impacts upon power system operation, in Electric Power Generation, Transmission, and Distribution 3rd edn. (CRC Press, Boca Raton, 2012), 1–22, 2012

[112] D. McMorrow, Impacts of Severe Space Weather on the Electric Grid (JASON, Virginia, 2011)

MIX
Papier | Fördert gute Waldnutzung
FSC® C083411

Kolibri 360 GmbH
Ferdinand-Jühlke-Straße 7
99095 Erfurt, Deutschland
produktsicherheit@kolibri360.de

Druck:
CPI Druckdienstleistungen GmbH
im Auftrag der
Kolibri 360 GmbH
Ferdinand-Jühlke-Str. 7
99095 Erfurt